KAIROUAN.

KAÏROUAN.

Lecture faite à la séance générale de la Société de géographie de Paris, le 21 décembre 1860.

Si la ville de Tunis est devenue depuis de longs siècles la capitale politique de la régence à laquelle elle a donné son nom, si elle est le siége du gouvernement et le centre du commerce, on peut dire néanmoins que la ville de Kaïrouan est toujours demeurée dans l'esprit des masses, la capitale religieuse de la contrée. Fondée par le conquérant Okbah, à l'époque de l'invasion des Arabes dans le nord-ouest de l'Afrique, elle a gardé, à cause de cette fondation même, aux yeux des fidèles musulmans, un prestige sacré qu'aucune autre ville ne peut lui disputer dans toute l'étendue de la Régence.

C'est la cité sainte par excellence, c'est la véritable métropole du culte, métropole où le croissant domine sans partage. Là, jamais le muedzin, en annonçant la prière du haut des minarets, n'a rencontré de son regard indigné aucun autre symbole religieux arboré sur un sanctuaire rival où le nom de Mahomet ne fût point invoqué; là, depuis douze siècles, l'iman, interprète et apôtre du Coran, n'a jamais vu paraître en sa présence le ministre de l'Évangile. Kaïrouan, en effet, a toujours été une ville rigoureusement interdite à ceux qui ne professent pas l'islamisme. Ce n'est que par exception qu'un petit nombre de voyageurs chrétiens ont pu y pénétrer. Ayant obtenu moi-même cette faveur, au mois d'août dernier, je vais aujourd'hui vous entretenir quelques instants de cette ville célèbre.

Située au centre d'une grande plaine en partie marécageuse, à 50 kilomètres à l'ouest de Sousa et à 140 environ au sud de Tunis, elle s'élève solitaire dans un véritable désert presque entièrement dépourvu d'arbres et même d'arbustes. Dans les années pluvieuses, ce désert néanmoins s'anime, tant est féconde alors cette terre d'Afrique sous les rayons de son soleil vivifiant, et de beaux pâturages y attirent de nombreux troupeaux conduits par des tribus nomades d'Arabes qui continuent à vivre maintenant comme vivaient les Numides de l'antiquité. Mais, comme cette année les pluies ont presque totalement manqué dans la Régence, à l'exception des régions septentrionales, cette plaine, à l'époque où je la traversai, présentait l'aspect de la stérilité la plus complète. A quelques kilomètres de la ville seulement dans la direction du nord et du nord-ouest, deux maisons de campagne rompaient par la verdure de leurs jardins l'uniformité de cette solitude attristante; enfin, plus près des murs, trois ou quatre maigres vergers se mouraient de sécheresse non moins que la ceinture de cactus qui les entourait.

Cette localité si dénudée actuellement était autrefois très boisée, lorsqu'Okbah, l'an 55 de l'hégire ou 675 de notre ère, entreprit d'y jeter les fondements de Kaïrouan : car, voici ce que raconte, à ce sujet, l'historien arabe Novaïri (Ms. de la Biblioth. Imp., n° 702, fol. 4).

« Okbah-ben-Nâfi, ayant pris la résolution de fonder » la ville de Kaïrouan, conduisit ses soldats vers l'en-

» droit qu'il avait choisi; c'était un fourré épais dans
» lequel aucun chemin n'était tracé. Aussi lui dirent-
» ils, quand il les engagea à se mettre à l'œuvre: « Eh
» quoi! tu voudrais nous faire construire une ville sur
» l'emplacement d'une forêt inextricable? Comment ne
» redouterions-nous pas les bêtes sauvages de toute
» espèce et les serpents dont nous aurions à braver
» les attaques? » Okbah dont l'intercession était toute
» puissante auprès de la Divinité, s'adressant alors à
» Dieu très haut, tandis que ses guerriers répondaient
» amen à ses invocations, s'écria : « O vous, serpents
» et bêtes sauvages, sachez que nous sommes les com-
» pagnons du prophète d'Allah; retirez-vous du lieu
» que nous avons choisi pour nous établir ; ceux de
» vous que nous rencontrerions plus tard seraient mis
» à mort. » Quand il eut achevé ces mots, les musul-
» mans virent avec étonnement pendant toute la jour-
» née les bêtes venimeuses et les animaux féroces se
» retirant au loin et emmenant avec eux leurs petits,
» miracle qui convertit un grand nombre de Berbers à
» l'islamisme. Okbah fit ensuite avec ses compagnons
» le tour du lieu où il voulait bâtir sa ville nouvelle,
» adressant des vœux au ciel pour qu'il y fît prospérer
» la science et la sagesse: puis il ordonna qu'on tra-
» çât les rues et qu'on arrachât les arbres. » (Traduction de M. Noël des Vergers.)

Avant d'entrer dans la ville, on remarque plusieurs
zaouias ou chapelles consacrées à des santons différents ; quelques-unes d'entre elles sont environnées de
tombes, les musulmans ayant l'habitude de placer leurs
dernières demeures près de celles des Scheiks dont ils vé-

nèrent la mémoire. Sept faubourgs qui forment autant de quartiers distincts précèdent en outre la cité sainte ; celle-ci est enfermée dans une enceinte crénelée et flanquée de distance en distance de tours, soit rondes, soit carrées, à demi engagées dans la muraille. Comme les pierres manquent dans la vaste plaine de Kaïrouan et qu'il faut les aller chercher fort loin, cette enceinte est aux trois quarts construite en briques. Il en est de même de la plupart des maisons de la ville. Quatre portes principales donnent entrée dans la place.

Les rues sont plus larges, moins irrégulières et généralement mieux tenues que dans la plupart des autres villes de la Tunisie. Les maisons n'ont d'ordinaire qu'un seul étage ; une des plus belles est celle qui est connue sous le nom de Dar-el-bey ou la maison du bey. Il est inutile de la décrire ici, car toutes les maisons mauresques se ressemblent pour la disposition intérieure, disposition qui maintenant n'est ignorée de personne.

Les édifices religieux sont assez nombreux. On compte une cinquantaine de zaouias ou koubba de marabouts et une vingtaine de mosquées. La plus vaste et la plus célèbre de toutes est celle d'Okbah, ou *djama-el-kebir*, *la grande mosquée.* Je n'ai pu, bien entendu, y pénétrer, les mosquées, en Tunisie et surtout à Kaïrouan, étant tout à fait inaccessibles aux chrétiens. J'ai pu seulement faire le tour extérieur du quadrilatère qu'elle forme et encore les scheiks et les chaouchs qui m'escortaient me pressaient-ils de hâter le pas et de ne pas jeter un coup d'œil trop attentif sur ce monument religieux, l'un des plus vénérés de l'is-

lamisme, dans la crainte d'éveiller les murmures et de
m'attirer les outrages des habitants. Un haut mur
d'enceinte, percé de plusieurs portes, enferme ce quadrilatère; quelques-unes de ces portes sont ornées de
colonnes antiques dont les chapiteaux élégants ont
perdu malheureusement en partie la grâce de leur
forme première, à cause de l'épaisse couche de chaux
dont on les a recouverts. Rien ne domine à l'extérieur
de cette immense mosquée qu'une grande tour carrée,
très large à sa base et couronnée de trois étages en
retraite les uns sur les autres. Cette tour s'aperçoit de
très loin et c'est elle qui, à la distance de 18 kilomètres environ, signale au voyageur l'approche de
Kaïrouan. L'intérieur de cet édifice et des diverses
galeries qu'il comprend est, dit-on, peuplé de magni-
fiques colonnes en marbre, en granit et en porphyre,
enlevées à des monuments antiques.

« Au moment où Okbah se disposait à poser les fon-
» dements de cette mosquée, il y eut, rapporte le
» même historien arabe que j'ai cité tout à l'heure, un
» grand dissentiment dans la population au sujet de la
» kibla. On disait qu'à l'avenir les habitants de
» l'Afrique adopteraient la kibla de cette mosquée, et
» on engageait Okbah à en déterminer l'emplacement
» avec le plus grand soin. Okbah eut alors pendant son
» sommeil une révélation, et une voix d'en haut lui
» adressa ces paroles : O toi, qui es aimé du Maître
» des mondes, lorsque le matin sera venu, prends
» l'étendard, mets-le sur ton épaule, tu entendras
» devant toi réciter le tekbir, sans qu'aucun autre que
» toi puisse l'entendre; le lieu où se terminera la

» prière, c'est celui-là qu'il faut choisir comme kibla,
» c'est là qu'il faut placer dans la mosquée le siége de
» l'iman. Dieu très haut protégera cette ville et cette
» mosquée; sa religion y sera établie sur des bases so-
» lides et jusqu'à la consommation des temps, les
» incrédules y seront humiliés. A ces paroles, Okbah
» sortit de son sommeil, tout éperdu d'une telle révéla-
» tion; il fit ses ablutions et se rendit à l'emplacement
» que devait occuper la mosquée pour y réciter la
» prière..... Bientôt la voix mystérieuse frappa ses
» oreilles, il la suivit et fixa à l'endroit où elle s'arrêta
» le siége de l'iman. »

Un autre écrivain arabe, Abou-Obaïd-el-Bekri
(voyez Notices et Extraits de la Bibliothèque impériale,
tome XII, pages 468 et suivantes), nous apprend que
cette mosquée fut rasée et rebâtie l'an 69 de l'hégire
(689 de notre ère) par Hassan-ben-Nouman, à l'exception du mihrab qu'il embellit, en y transportant deux
superbes colonnes de pierre rouge marquée de taches
jaunes, enlevées aux ruines d'une église chrétienne, et
pour lesquelles, ajoute cet historien-géographe, l'em-
pereur de Constantinople avait vainement offert leur
poids en or. Sous le khalifat de Hescham-ben-abd-el-
Melek, onzième khalife de la dynastie des Ommiades,
vers l'an 105 de l'hégire, l'an 724 de notre ère, cette
mosquée fut reconstruite sur un plan plus vaste. Cin-
quante ans plus tard, Yezid-ben-Hatem, étant gouverneur de la province d'Afrikyah, la fit démolir de
nouveau, à l'exception du mihrab, et la rebâtit ensuite.
L'an 205 de l'hégire, ou 820 de l'ère chrétienne, Zya-
det-Allah, fils d'Ibrahim-ben-Aglab, le fondateur de la

dynastie des Aglabites, la rasa pour la troisième fois. Comme il se disposait à détruire aussi le mihrab, on lui objecta que tous ses prédécesseurs avaient abandonné ce projet, attendu que cette partie de l'édifice avait été élevée par Okbah-ben-Nafi ; il le conserva donc, tout en le masquant par un mur ; quant au reste du monument, il le rebâtit en entier. Quelques réparations et adjonctions eurent lieu encore plus tard ; actuellement cette mosquée aurait besoin d'une restauration complète. Le nombre de colonnes qu'elle renferme, d'après les renseignements qu'on m'a donnés, se monte à 500 environ, chiffre probablement exagéré ; car Bekri nous dit que de son temps, c'est-à-dire l'an 460 de l'hégire, ou en comptait 414, et il n'est point à croire que depuis cette époque ce nombre, qui semble déjà si considérable, ait encore augmenté, l'importance de la ville et partant la splendeur de la mosquée ayant diminué de plus en plus.

Telle est, en peu de mots, l'histoire, telle est aussi, autant que je puis la donner, la description de ce monument célèbre, qui, tout vaste qu'il est, ne m'a pas paru répondre, extérieurement du moins, à la renommée extraordinaire dont il jouit dans toute la Régence de Tunis.

Après la *djama sidi okbah* ou la *djama-el-kebir*, la *djama zitoun*, ou la *mosquée de l'olivier* tient le premier rang.

Dans les faubourgs, les sanctuaires principaux sont : la Zaouia sidi-abd-el-Kader-el-Kilani, la Zaouia sidi-Sahab, où reposent les restes de l'un des barbiers du prophète et la Zaouia sidi-Amer-Abada. Cette dernière

Zaouia est décorée de plusieurs coupoles et elle est de construction toute récente, car le saint en l'honneur duquel elle a été bâtie est mort, il y a peu d'années seulement, à Tunis.

Parmi les monuments funéraires qui sont presque vénérés à l'égal des sanctuaires religieux, je citerai quelques tombeaux fort délabrés, du reste, des Aglabites et celui de Sidi Schanoun, savant théologien musulman qui mourut l'an 240 de l'hégire.

La ville a des marchés assez bien fournis; bien qu'autour d'elle règne au loin un désert inculte, elle voit chaque jour entrer dans ses murs, des caravanes qui l'alimentent incessamment. Ses bazars sont, comme tous ceux des autres villes musulmanes, divisés en plusieurs quartiers distincts; chaque genre d'industrie y occupe un emplacement séparé et est sous la juridiction d'un amin particulier, ce qui rappelle nos corps de métiers du moyen âge. Le commerce consiste principalement en pelleteries; un grand nombre d'ouvriers fabriquent des brides, des selles et surtout des babouches à la mode du pays. Ces babouches en maroquin jaune obtiennent par l'art de la préparation une couleur de safran d'une nuance très remarquable et pour laquelle les artisans de cette cité sont sans rivaux dans tout le reste de la Régence.

Kaïrouan n'a aucune fontaine dans son enceinte. Chaque mosquée, chaque établissement public ou privé, chaque maison a sa citerne. Comme cette année, il n'a presque pas plu dans cette partie de la Tunisie pendant l'hiver et nullement pendant l'été, la plupart de ces citernes étaient à sec, à l'époque de mon voyage, et celles qui n'étaient point encore vides renfermaient une eau vaseuse d'un goût détestable.

Pour obvier à cette pénurie d'eau dans les années de sécheresse, de grands réservoirs, appelés par les arabes *fesguia*, avaient été jadis creusés et construits près de la ville. J'en ai remarqué quatre principaux.

L'un, celui qui est le plus en dehors des murs, vers l'ouest, se compose d'abord d'un bassin polygonal formé de seize côtés dans lequel l'eau se répandait en provenant d'un des bras de l'oued Merkelil. Ce bassin a 145 pas de tour. De là, l'eau, après s'être purifiée en laissant une partie de son limon et des autres substances qu'elle tenait en dissolution, passait dans un second bassin beaucoup plus considérable et de forme à peu près circulaire; il compte environ 480 pas de circonférence. Le mur d'enceinte en est soutenu par de nombreux contre-forts. Au centre s'élève une sorte de petit pavillon qui tombe en ruines et qui est aux trois quarts enseveli dans la vase durcie et desséchée qui s'est accumulée à l'entour. Enfin de ce second bassin l'eau purifiée de nouveau et plus complétement arrivait limpide dans de profondes citernes où on la puisait.

Il est question de ce vaste système de réservoirs dans l'ouvrage d'El-Bekri que j'ai déjà cité plus haut.

« En dehors des murs de Kaïrouan, dit cet écrivain
» arabe (Notices et Extraits des manuscrits de la Biblio-
» thèque impériale, tome XII, page 473, traduction de
» M. de Quatremère), on voit quinze citernes destinées à
» contenir l'eau nécessaire pour l'usage des habitants et
» qui ont été successivement bâties par l'ordre d'Hescham

» et d'autres princes. La plus grande et la plus magni-
» fique est l'ouvrage d'Abou-Ibrahim-Ahmed, petit-fils
» d'Aglab. Située près de la porte de Tunis, elle est
» d'une forme circulaire et d'une étendue très considé-
» rable. Au milieu s'élève une tour octogone couron-
» née par un pavillon à quatre portes..... A ce réser-
» voir, du côté du midi, aboutissaient de vastes
» arcades, soutenues par des piliers. A l'occident de ce
» même réservoir, Ziadet-Allah fit élever un palais, et
» au nord il fit construire un joli bassin attenant au
» premier. Il reçoit les eaux d'un torrent qui, à l'époque
» où il coule, vient s'y décharger en passant sous des
» arcades et la rapidité de sa course étant ainsi amor-
» tie, dès que l'eau s'est élevée dans le bassin à la
» hauteur de deux toises, elle franchit une porte et se
» répand dans le grand réservoir. Ce travail a été
» conçu et exécuté avec une extrême magnificence.
» Obaïd-Allah avait coutume de dire qu'il avait trouvé
» dans la province d'Afrikyah deux monuments aux-
» quels l'Orient n'offrait rien de comparable, savoir
» la citerne dont il vient d'être fait mention et le palais
» situé dans la ville de Rakkadah. »

On voit clairement par ce passage que l'auteur
arabe parle ici de la même citerne que je viens de
décrire, citerne consistant en trois bassins distincts
dus à deux princes différents. Malheureusement, cette
fesguia d'une utilité si grande pour les habitants de
Kaïrouan dans les années de sécheresse, a été négligée
par eux et elle est maintenant en partie comblée.

Il en est de même d'une seconde qui se compose
d'abord d'un bassin oblong dans lequel l'eau subissait

une première épuration, puis elle passait dans un très vaste bassin carré et de là dans des citernes voûtées où on la recueillait. Ces citernes sont aujourd'hui à sec et ces bassins à moitié remplis de terre.

Une troisième fesguia construite et disposée de la même manière que la précédente peut encore servir actuellement, mais elle est fort mal entretenue.

Une quatrième enfin est complétement dégradée et le mur d'enceinte qui renfermait le bassin principal est aux trois quarts détruit.

La meilleure eau de Kaïrouan se trouve dans un faubourg connu sous le nom de *Rebat bir-el-bey*, à cause d'un puits qui y a été creusé et qui s'appelle *le puits du bey*. Ce puits est incessamment assiégé d'une foule d'hommes, de femmes et d'enfants qui viennent y puiser.

Si une armée ennemie mettait un jour le siége devant Kaïrouan, elle pourrait, en s'emparant de ce puits et de la fesguia qui sert encore, réduire la ville à la plus grande extrémité.

Cette cité, du reste, est beaucoup moins peuplée et moins importante que quelques personnes pourraient se le figurer; en effet, elle n'a guère plus de 4 kilomètres de tour en y comprenant ses faubourgs, et elle renferme au plus 12,000 habitants. Ses murs, quoiqu'en assez bon état en apparence, ne pourraient pas résister à la moindre attaque sérieuse. A l'époque des princes Aglabites, des Fatimites et des Zéirites, quand elle était la capitale à la fois politique et religieuse de la vaste province d'Afrikiah, son étendue était plus grande et sa population plus considérable.

Son mur d'enceinte, au dire d'El-Bekri, avait en effet, du temps de cet écrivain, 22,000 coudées de circuit; il avait été rebâti par Moëzz-ben-Badis, l'an 444 de l'hégire.

Plusieurs villas royales décorées avec une rare magnificence et qui devinrent comme le centre de villes véritables s'élevèrent tour à tour près de cette capitale; telles furent Kasr-Kedim ou Abbacia, Rakkadah et Sabra, autrement dite Mansouriah; elles sont toutes détruites de fond en comble, ainsi que les nombreuses habitations qui les entouraient.

Bien que déchue singulièrement de son ancienne splendeur, Kaïrouan n'en est pas moins, après Tunis, l'une des villes les plus peuplées de la Régence; mais ce qui la distingue surtout, c'est le caractère sacré dont elle est revêtue, caractère qu'elle doit à son origine, à la sainteté de sa mosquée principale, au grand nombre de ses zaouïas et de ses marabouts, et à l'inviolabilité de son propre territoire. Située à peu près au cœur de la Tunisie, elle n'a jamais été attaquée par des troupes chrétiennes, ainsi que l'ont été quelquefois les villes de la côte. Aucun chrétien même n'a jamais eu le droit, je ne dis pas de s'y fixer, mais d'y pénétrer à moins d'une faveur toute particulière; les juifs, qui partout ont su se rendre nécessaires aux musulmans, lesquels les méprisent, mais ne peuvent s'en passer, n'ont jamais pu, non plus, franchir ses portes; elle est donc restée vierge du contact de toute religion opposée à celle de son fondateur Okbah. De là, l'espèce de sainte et mystérieuse auréole dont la foi musulmane l'entoure; les caravanes qui s'y rendent con-

stamment de tous les points de la Tunisie viennent s'y
retremper en quelque sorte dans l'islamisme; sa
grande mosquée dont toutes les pierres, suivant une
tradition populaire que les imans entretiennent dans
les masses, seraient venues miraculeusement se poser
d'elles-mêmes à la place qu'elles occupent, est sans
cesse visitée avec un profond respect par les adeptes
du Coran; les sanctuaires de ses santons sont égale-
ment le but de pèlerinages fréquents; tout cela entre-
tient dans l'esprit des habitants un fanatisme que rien
jusqu'ici n'a pu affaiblir. Le bey lui-même, quand il
délivre, à de rares intervalles, un *amar*, c'est-à-dire
un ordre à un chrétien pour visiter cette ville, n'a pas
le droit d'imposer la présence de cet infidèle aux habitants ; son ordre qui est absolu partout ailleurs est ici
une simple prière, une pure lettre de recomman-
dation. Le chrétien qui en est le porteur, quand il
approche de Kaïrouan, doit s'arrêter à quelque distance de ses murs. Là, il dépêche un des hommes de
son escorte pour aller montrer l'amar du bey au gouverneur de la ville. Celui-ci assemble le Conseil et
quand les divers membres qui le composent sont d'avis
que l'étranger qui leur est recommandé par Son Altesse
le bey peut être admis dans l'intérieur de leur cité, ils
lui envoient quelques chaouchs avec lesquels il fait
son entrée dans la ville : cette entrée a toujours forcé-
ment quelque chose de solennel, car l'arrivée d'un
chrétien est un événement pour les habitants. A
l'époque où je visitai cette ville, comme la nouvelle
des massacres commis en Syrie contre les chrétiens
l'avait fort agitée, mon arrivée dans de pareilles cir-

constances excita vivement la curiosité des habitants
dont beaucoup s'imaginèrent que, sous prétexte de
chercher des inscriptions, j'avais la mission secrète
d'examiner parmi eux l'état des esprits. Aussi trou-
vai-je la porte, par laquelle je pénétrai dans la ville,
encombrée de curieux plus ou moins bien intentionnés ;
je n'eus du reste qu'à me louer de l'excellent accueil
que je reçus bientôt du khalife et des principales au-
torités qui m'offrirent dans la maison du bey une généreuse hospitalité : mais en même temps le khalife me
recommanda à plusieurs reprises de ne jamais sortir
seul, et les trois jours que je restai à Kaïrouan, il vou-
lut lui-même m'accompagner partout avec trois
scheiks et trois chaouchs. « Qui sait, me disait-il, ce
qui autrement pourrait arriver ? » Effectivement la présence même du gouverneur ne me mit pas à l'abri de
toute insulte, et je dus me plaindre très énergique-
ment pour obtenir la réparation qui m'était due. Si je
donne ces détails, c'est qu'ils servent à faire connaître
l'esprit de cette ville, esprit qui résulte directement du
Coran. Le Coran, en effet, est essentiellement intolérant
de sa nature. Pour les musulmans, la guerre contre les
chrétiens est toujours une guerre sainte et légitime, et
la haine du nom chrétien est, chez eux, l'un des pre-
miers sentiments que l'enfant suce avec le lait dès sa
naissance, et que nourrissent ensuite dans son cœur
les leçons qu'il reçoit au médressé et les prédications
qu'il entend dans les zaouias et dans les mosquées.
Sans doute, il y a quelques pays mahométans où cette
haine est moins vive et semble même quelquefois
comme presque éteinte. En Égypte, par exemple, les

chrétiens sont généralement très respectés, ils peuvent même pénétrer dans les mosquées ; mais qu'on ne l'oublie pas, l'Égypte a été, il y a soixante ans à peine, conquise par nos armes, et bien qu'elle ait recouvré son indépendance, notre occupation éphémère y a néanmoins imprimé des traces durables, traces marquées par de bienfaisantes améliorations autant que par la valeur invincible de nos soldats.

En Tunisie, principalement à Tunis et dans les villes du littoral, les chrétiens jouissent d'une assez grande sécurité et le service public de leur culte leur est assuré ; les beys mêmes, depuis plusieurs règnes, semblent entrer de plus en plus, dans les voies véritables du progrès et de la civilisation. Mais la Tunisie touche à l'Algérie, qui par la conquête est devenue une annexe de la France, et les Tunisiens ne peuvent pas se dissimuler qu'une prudence impérieuse leur conseille de se maintenir dans de bons rapports avec leurs redoutables voisins et que 10,000 français, habitués au climat et aux guerres d'Afrique, culbuteraient sans peine leur armée et ne trouveraient dans toute la Régence aucune place forte qui pût les arrêter longtemps. Néanmoins, malgré ce voisinage qui les a contraints de renoncer complétement à la piraterie, et qui, par une imitation forcée et heureusement contagieuse pour eux, a introduit dans leur mœurs et dans leur administration, des réformes notables dont il faut les féliciter, telle est encore l'aversion secrète et incurable qui leur est inspirée contre les chrétiens par leur code religieux, que non-seulement ils interdisent à ces derniers l'entrée de leurs mosquées, alors même qu'ils y pénétreraient avec toutes les marques de respect dues aux monuments de leur culte, mais encore qu'ils continuent à leur fermer obstinément les portes de plusieurs villes et notamment de Kaïrouan, la plus importante de la Régence après Tunis. Si Kaïrouan, par une faveur tout exceptionnelle, consent à les ouvrir à quelques rares voyageurs, cette faveur est, en réalité, une sorte d'insulte pour le titre de chrétien qu'ils portent, puisque cette admission qu'on veut bien leur accorder, confirme le droit absolu d'exclusion pour tous leurs corréligionnaires.

Qu'on ne s'y trompe pas, si l'empire musulman penche de toutes parts vers son déclin, il est une chose qui, chez presque tous les peuples dont il est composé, a résisté opiniâtrément à cette décadence générale : c'est le fanatisme religieux et une antipathie invincible contre les chrétiens. Cette antipathie se cache souvent sous les dehors les plus trompeurs; mais après avoir longtemps couvé, elle éclate quelquefois par des actes d'une barbarie que l'on ne croyait plus de notre temps, témoin les massacres de Djeddah et les massacres plus épouvantables encore de Damas et de Deir-el-Kamar. A cet antagonisme éternel, jadis si redoutable, l'Europe chrétienne et la France en particulier ont répondu dans le passé par les croisades. Ces expéditions célèbres, tant critiquées par certains historiens, étaient cependant indispensables sous peine de mort pour la civilisation chrétienne, et encore aujourd'hui n'est-ce point pour une véritable croisade que la France a envoyé en Syrie sa petite armée? En vain des écrivains répètent-ils de toutes parts et en France plus qu'ailleurs peut-être, qu'il ne peut plus, qu'il ne doit plus y avoir désormais de guerre religieuse ; par un démenti éclatant et solennel, la France est sans cesse entraînée, en vertu même de son passé et comme par un choix spécial de la Providence, à faire des guerres dont le côté religieux ne peut échapper à personne. C'est vers elle, en effet, que les chrétiens opprimés de l'Orient n'ont jamais cessé, depuis les croisades, de tourner leurs mains suppliantes, et c'est elle qui partout est regardée comme la patronne naturelle et véritable des intérêts religieux de la chrétienté. A elle donc le droit, le devoir et l'honneur de les venger, quand ils sont foulés aux pieds ou noyés dans des flots de sang. Nos soldats en débarquant sur les rivages de la Syrie y ont retrouvé les traces et les exemples de leurs aïeux. Que si, avant d'avoir pu achever leur noble et généreuse mission et avant d'avoir assuré suffisamment le sort des malheureux chrétiens qui ont échappé au carnage, ils venaient à quitter cette terre où ils ont apparu en libérateurs, nul doute que cet abandon prématuré qui serait la ruine complète des chrétiens de la Syrie et probablement aussi de la Palestine, aurait en même temps un contre-coup déplorable pour les autres populations chrétiennes répandues sur toute la surface de l'empire ottoman. Il n'est pas un point de ce vaste empire où la nouvelle des massacres d'Orient n'ait trouvé dans les masses, parmi les musulmans, un écho sympathique et contagieux. En Tunisie, par exemple, malgré le voisinage de la France, un complot contre les chrétiens a été ourdi par un chérif au mois d'août dernier. Déjà ce prétendu descendant de Mahomet avait commencé à prêcher la guerre sainte et à agiter les esprits, lorsque le bey, averti à temps, lui fit trancher la tête devant son propre palais et coupa court, dès le principe, à cette conjuration qui, en prenant des proportions plus vastes et plus formidables, aurait pu attirer sur ses États les justes vengeances de la France. Cet acte de fermeté et de sagesse sauva les chrétiens et le sauva lui-même ; mais un complot semblable et plus redoutable ne pourrait-il pas éclater plus tard, et en Tunisie et ailleurs, si la France était obligée de retirer trop tôt sa main protectrice de l'Orient et si de nouveaux et plus affreux massacres, en y consommant l'extermination des chrétiens, venaient à provoquer sur d'autres points l'explosion du fanatisme mahométan ?

Je m'arrête ici, dans la crainte de trop entrer dans le domaine de la politique, et je me borne à ajouter en terminant que les musulmans sont bien aveugles, lorsqu'ils persécutent les chrétiens ; car leurs victimes, en expirant, jettent toujours un dernier regard et un dernier cri vers la France, et, en France, ce cri n'est jamais entendu en vain.

V. GUÉRIN.

Paris. — Imprimerie de L. MARTINET, rue Mignon, 2.